尖端科技篇

哇，科学有故事！

机器人的故事

［韩］申正敏 / 文 ［韩］朴秀智 / 绘   千太阳 / 译

人民东方出版传媒
People's Oriental Publishing & Media
东方出版社
The Oriental Press

怎样才能制作出自动开启的门呢!

海伦

恩格尔伯格

深蓝

目录

看到自动门、自动娃娃、自动扶梯等机器自行运转的情形，你会不会感到很神奇？事实上，这样的自动化机器很久以前就存在了。早在两千多年前，我就曾利用滑轮制作出一扇可以自动关闭和开启的门。

这里是公元 70 年前后的意大利亚历山德里亚。

此时，少年阿蒙不知有多开心。

因为他现在是著名的科学家兼数学家海伦老师的助手。

海伦老师发明过很多神奇的东西。

"阿蒙，快过来。我们得去一趟神殿了。"有一天，海伦老师急急忙忙地出了门。

阿蒙气喘吁吁地跟在他的身后，好奇地问道："老师，到……到底出了什么事情？"

"噢，听说神殿的大门开到一半就被卡住了。"

"啊？您说的不会是那扇赫赫有名的'魔法门'吧？"

"是啊，是啊！不过，它并没有什么魔法。因为那是我发明的。"

"真……真的吗？那扇门也是老师设计的吗？"

"那当然！"

你们去哪里？

当他们马不停蹄地赶到神殿门口时，祭司正急得直跳脚："这扇门之前还好好的，可不知为什么，现在开到一半就被卡在那里。烧旺火焰和熄灭火焰后重新点火的方法都试过了，但是一点儿用都没有。关键是信徒们马上就要来了。这可如何是好！"

"您先别着急！我这就去看看哪里出了问题。"

说罢，海伦老师就从神殿旁边的一扇小门走了进去。阿蒙自然也跟在后面。

沿着阶梯走下去后，神殿的下方是一间非常宽敞的地下室。

这间地下室里有很多圆柱、绳索、滑轮，以及大小不一的水桶，而且它们错综复杂地交织在一起。

"哦，原来是这根绳子断掉了呀！"

在阿蒙的帮助下，海伦老师很快就换上了一根新绳子。

　　"好了，现在重新点一下火试试吧。"祭司按照海伦老师的指示重新在小祭台上点了火。

　　这时，信徒们刚好蜂拥而至。

　　"这扇门今天会自己慢慢地打开吧？"

　　"是啊，是啊。只要祭司点上火，做完祷告，神灵就会为我们打开那扇门。"

　　果然，当祭司的祷告快要结束的时候，神殿的大门就像施了魔法一样缓缓地打开了。

"哇！"

信徒们纷纷发出了赞叹声。

看到这一幕后，阿蒙小声地向海伦老师问道："老师，我现在知道并不是神灵在开门，也没有什么魔法。但这究竟是什么原理呢？"

听到阿蒙的询问，海伦老师给他看了一张设计图。

　　"点燃炉火后，水桶中的空气就会受热膨胀。如此一来，水就会被膨胀的空气挤压，从而流进旁边的铁桶中。而铁桶随着重量的增加会让与它连接的柱子旋转，从而拉开大门。"

　　虽然海伦老师讲解得很详细，但阿蒙还是听得有些云里雾里，总感觉神殿的大门是如此神奇。

片刻后，信徒们通过敞开的"魔法门"走进了神殿，然后向自动圣水机投进硬币，接一点儿圣水洒在身上。

这台投硬币能流出圣水的装置，同样也是海伦老师不久前设计制作的。

望着海伦老师的发明，阿蒙陷入了沉思："海伦老师真是了不起！我也要好好学习，发明出更好的东西！"

自动化机器

自动化机器是指不需要人来控制就能自行运转的设备。自动化机器要将滑轮、齿轮等装置巧妙地连接在一起，使它们按照人们希望的方式运转。以前，自动化机器主要用在王室宫殿和宗教设施中，用来彰显国王的权威和上帝的神圣。

制作自动门需要用到滑轮、绳索及火炉。

想要让娃娃自己动起来，就需要使用齿轮。

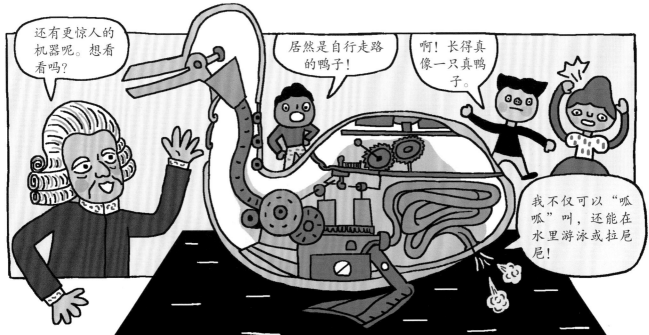

朝鲜时期的自动钟表——自击漏

朝鲜时期，曾有一种自动报时的装置——自击漏。这是世宗大王时期的科学家蒋英实利用水滴滴落的原理制作出来的东方最早的自鸣水钟。自击漏在中国又称作"刻漏""漏壶"。

当自击漏最上方大坛子中的水溢出来流进下方的长筒中，长筒中的木棍就会浮上来，触动上面的铁珠，使铁珠掉落在连接木偶们的架子上。这时，这些木偶会自行敲打前面的钟、鼓、锣等乐器，同时代表十二生肖的各种动物也会在各自对应的时间里从木箱中跳出来进行报时。每隔两小时自击漏就会报一次时。

发明自击漏没多久，蒋英实又制作出一台叫作"玉漏"的自鸣水钟。每当到了整点，玉漏中就会出现仙女、龙、老虎、凤凰、玄武等木偶摇晃着铃铛跳舞，而一旁的大臣和武士们也会跟着敲锣打鼓进行报时。

收藏在韩国德寿宫里的自击漏

恩格尔伯格叔叔，听说机械臂可以组装汽车？

古代的自动化机器大都被人们当作一种把戏或玩具。但是在我所生活的时代里，工业极为发达，人们非常需要一种能够代替人类工作的机器。于是，我和朋友便发明出一种能够在汽车生产车间使用的机械臂。

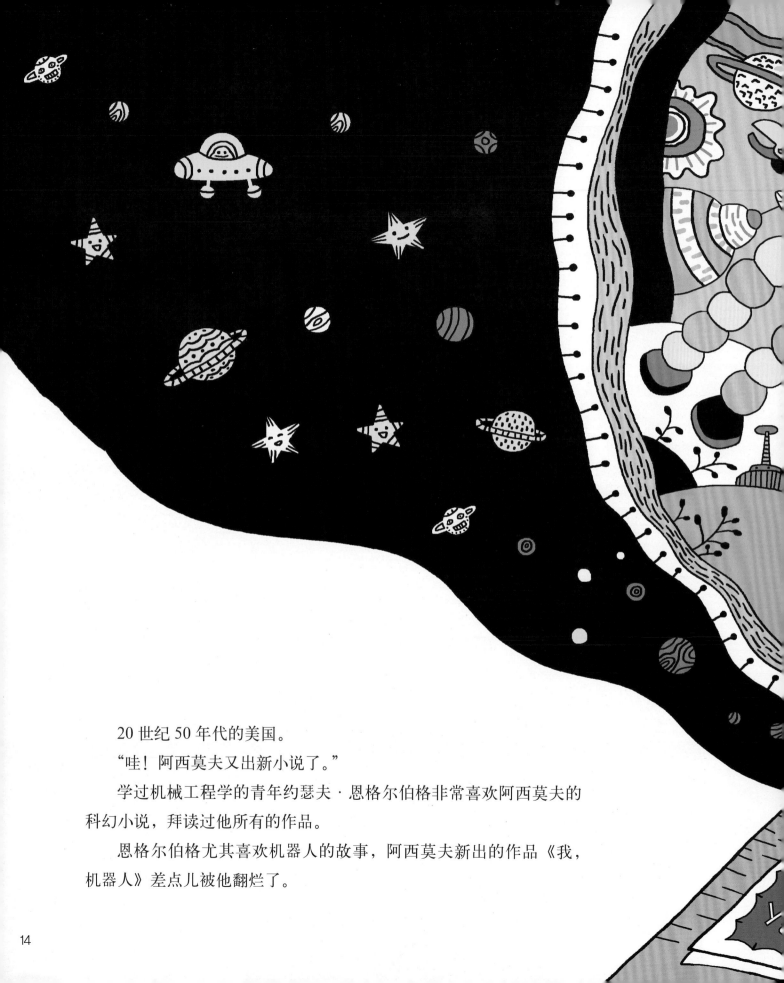

20 世纪 50 年代的美国。

"哇！阿西莫夫又出新小说了。"

学过机械工程学的青年约瑟夫·恩格尔伯格非常喜欢阿西莫夫的
科幻小说，拜读过他所有的作品。

恩格尔伯格尤其喜欢机器人的故事，阿西莫夫新出的作品《我，
机器人》差点儿被他翻烂了。

"未来真的会出现这种机器人吗？"恩格尔伯格不禁有些怀疑。

不过仅仅是幻想未来机器人那帅气的脸和身体、那矫健的动作及各种惊人的功能，他就感到心潮澎湃。"啊，如果我能造出一个机器人该有多好！哪怕是最简单的机器人……"

然而在当时，机器人只存在于电影或科幻小说中，从未有人成功制作过一个机器人。

几年后，恩格尔伯格进入一家大型公司，从事制作喷气式发动机的工作。

在那段时间，他结识了一个名叫乔治·德沃尔的人。

德沃尔对他说："前不久，我造出了一个叫'传感器'的东西。传感器能像人一样识别杯子或苹果所在的位置。如果将传感器安装在机器上，它应该能像人一样准确地拿起并搬运物品。"

听了德沃尔的话后，恩格尔伯格的脑海中突然闪过一道灵光："太好了。我等待的时机终于来临了！如今应该能制作出机器人了！"

越是了解德沃尔发明的传感器，恩格尔伯格对自己能够发明出机器人的信心就越足。于是，恩格尔伯格立即提交辞呈，然后与德沃尔一起创立了一家名为"优力美讯"的新公司。

"如今各大汽车公司都在为生产更多的汽车部件而忙得不可开交，所以我们应该制造一种能够代替工人工作的机器人。"

尤尼梅特

　　恩格尔伯格制造了一个能够自由调节动作，如同机械臂一样的机器装置。

　　德沃尔调整自己发明的传感器，将它安装在机械臂上，便能自由地控制机械臂。

　　就这样，世界上第一台工业机器人——"尤尼梅特"诞生了。

　　正如他们预料的那样，多家汽车公司纷纷向他们订购了尤尼梅特。

　　来到工厂后，尤尼梅特被分配的工作是将刚出炉的滚烫、沉重的零件搬运到指定地点。对于工人们来说，这是一个非常危险、费力且枯燥的工作，但尤尼梅特却能精确、不知疲倦地整天工作。

　　"哇，真是太不可思议了！"

　　"自从有了机器人，工作效率比之前提高了好几倍。"

　　看到尤尼梅特的出色表现后，汽车厂商们再次向他们加大了订购量。

就这样，恩格尔伯格和德沃尔卖出了数万台尤尼梅特，获得巨大的成功。后来，他们又发明出一种用来焊接金属零件的机器人和用来刷油漆的机器人。

因此，恩格尔伯格被称为"机器人之父"。

看到他们的成功后，其他公司纷纷开始研发各种工业用机器人。如今，那些机器人不仅投入到汽车制造业当中，还被投入到一些生产饼干、饮料、家用电器及生活用品的工厂里。

机器人

　　机器人是一种可代替人从事一些费力、危险的工作的智能自动化机械装置。在生产车间代替工人工作的机器人，称为"工业机器人"。人们只要能持续供应能量，工业机器人就能不停地工作下去。

 通过传感器和存储装置，输入熟练工人的工作方法。

 代替人从事各种精细、高难度、危险的辛苦工作。

文学作品中的机器人

　　说起来，从很久以前开始，人们就幻想过能够自主思考、判断及运作的机器——机器人。例如，在希腊神话中，就出现过青铜巨人——塔罗斯。据说，它的使命是守卫克里特岛，所以每当有人闯入克里特岛，它就会将全身烧热，然后紧紧地抱住入侵者。

　　在其他文学作品中，我们也经常看到各种机器人的身影。1883年，意大利作家卡洛·科洛迪在自己的作品《木偶奇遇记》中描绘过木偶机器人——匹诺曹。由木匠爷爷制作的匹诺曹，是一个能够自行思考和行动的机器人。有趣的是，只要一说谎，它的鼻子就会不断变长。

　　1900年，美国作家鲍姆也在童话《绿野仙踪》中描绘出一个与机器人一模一样的铁皮人形象，他的梦想居然是拥有一颗心脏。

　　"机器人"这个词，最早也是出现在文学作品中。

　　捷克作家卡雷尔·恰佩克，曾于1920年写了一部名为《罗素姆万能机器人》的科幻剧本。在故事中，恰佩克将一个能够代替人进行工作、和人长得一模一样的机器称为"机器人"。

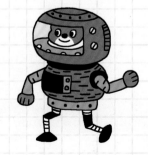

《绿野仙踪》封面中的铁皮人

超级电脑深蓝，
你要挑战国际象棋
冠军？

虽然大多数人认为电脑只是一种会计算的机器，但也有一些人认为电脑能够像人一样拥有智能。于是，他们发明出一种像人一样能够思考和判断的人工智能电脑。感谢他们让我有机会与国际象棋冠军对弈。

IBM

1997 年 5 月，美国纽约。

相隔一年，国际象棋冠军卡斯帕罗夫和电脑深蓝再次在棋场上相遇。深蓝是专门为下国际象棋而制作的电脑。

"哼！你根本就不是我的对手。我会像去年那样让你措手不及。"

国际象棋冠军不以为然地瞥（piē）了一眼深蓝。

然而，坐在国际象棋冠军对面的 IBM 公司员工却显得十分认真。

"人类很难预知十步之后的情况，深蓝却可以预知十二步后的情况。虽然去年我们的电脑不幸落败，但这次我们可是有备而来。"

虽然 IBM 公司的员工面前只有一个小小的屏幕和键盘，但与之连接的电脑主机却有四五个冰箱那么大。

比赛终于开始了。

世界冠军不屑一顾地笑了笑，然后移动了一个棋子。IBM 公司的员工将这一步输入到电脑中告诉了深蓝。

这次轮到深蓝下棋子。深蓝迅速运转起来。因为它要检索储存在电脑中的信息，然后思考下一步的走法。

要知道，深蓝可是存储着过去 100 年间重要国际象棋比赛的对决记录，以及著名国际象棋选手的对战风格等重要信息。深蓝会以这些信息为基础，每秒运算 2 亿步，从而自行判断出下一步应该怎么走。过了一会儿，深蓝终于下定结论，而 IBM 公司的员工则根据深蓝的指示下好了棋子。

世界冠军露出震惊的神色，随后开始认真考虑下一步该怎么走。

过了一阵儿，这场人机对战就分出了胜负。

令人震惊的是，这次比赛的获胜者并不是之前的世界冠军卡斯帕罗夫，而是电脑深蓝。

"哇，电脑战胜了人类！"

观众们面面相觑，而研发深蓝的沃森研究所的员工们则高喊着"万岁"，紧紧地拥抱在一起。

这次人机大战共分为 6 局。最终，深蓝以 2 胜 3 平 1 负的成绩取得了胜利。

"咱们等着瞧,深蓝!"

世界冠军与他的弟子们一起绞尽脑汁地研究战术,并于几个月后再次向深蓝发出了挑战。

但是,之后的比赛每场都打成平手。

直到现在,人和电脑之间的智慧对决依然持续着。这都是渐渐得到发展的人工智能成就了机器人大脑的缘故。

可以预见,日后机器人将变得越来越聪明,越来越充满智慧。

等着瞧。

人工智能

机器人拥有一个类似于人的大脑的"处理器"。它是计算机程序的一种，而人们习惯将它叫作"人工智能"。人工智能机器人会通过传感器收集和分析信息，然后根据事先输入的信息做出判断。另外，有些智能机器人能调节身体各个部位的速度和力量，从而做出一些精准的动作。

 用出色的记忆力和快速的计算能力代替人的智能。

人的大脑拥有超过1000亿的神经细胞，而这些神经细胞又连接着其他细胞，因此能够做出各种识别和判断，并操控身体。

我们电脑的记忆力要远远强于人类。一枚小小的芯片就可以存储电影1000部左右。

我们可以记住无数的信息，而且绝不会遗忘。

只要有人提前输入所需信息，我们就能根据不同的情况计算各种可能性，从而下定结论。

我能在1秒中进行数十亿次运算。怎么样？是不是很了不起？

人工智能，你太厉害了！

我不仅能听懂人类的语言，还会解答各种问题！

通过各种经历，自行学习并培养智能。

是人，还是机器？

现在，全世界都在疯狂地研究制造更出色、更先进的机器人，以及仿真机器人的方法。电影中，我们经常会看到声音和行为与人类完全相同的机器人。它们被称为"人形机器人"或"仿真机器人"。仿真机器人是指像人一样拥有头部、躯体、四肢的机器人。另外，所谓的"电子人"是指人类和机器人结合的半机械人。例如，手、脚、心脏等被替换成机械的人也可以称为"电子人"。

在不久的将来，说不定会出现不仅拥有人的外貌，还能像人一样进行思考、有感觉，以及能自主行动的机器人。另外，说不定还会有既不是机器也不是人类的"半机械人"与我们生活在一起。届时，我们应该怎样对待它们呢？是要把它们当作机器，还是应该像人类一样给予尊重？然而不管怎样，最重要的是不能忘记生命的珍贵和人类的尊严，打造一个所有人都能和谐共处的幸福社会！或许，尖端科学应该以此为目标进行发展。

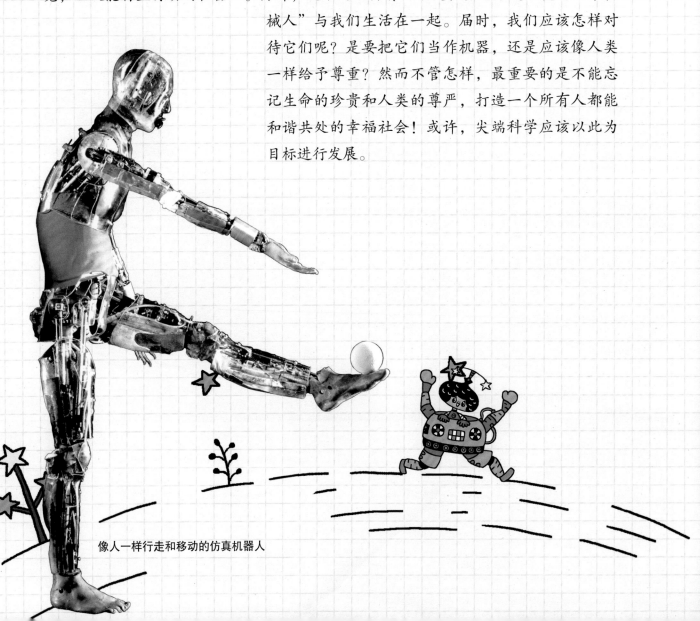

像人一样行走和移动的仿真机器人

人类改造机器人，
机器人改变未来

如今我们所生活的世界，已经能够随意制造出曾经只存在于幻想中的机器人。事实上，人类对真正机器人的研发还处于起始阶段。你们觉得机器人和人工智能的发展，会给我们的未来带来怎样的变化呢？

无人驾驶汽车

其实，疾驰在公路上的汽车，我们也可以将它看作一种机器人。虽然它需要由人驾驶才能移动，但车载电脑能自行调整车子的稳定性、舒适性及安全性。如今，没有驾驶员也能自己上路的无人驾驶汽车已经上市。相信不久以后，我们只要上车说出目的地，汽车就能自行将我们送到指定地点。

谷歌的无人驾驶汽车

既可以演奏音乐，又可以编辑新闻稿的机器人

机器人已经开始代替人类工作。在国外，人们已经发明出一种能够演奏管风琴的机器人，还将机器人演奏的乐曲录制成专辑发售。据说，还有一些人尝试用机器人组建一支乐队或管弦乐团。在美国的报社，机器人编辑的新闻会刊登在报纸上。据了解，机器人写一篇报道所需的时间连1秒都不到。无所不能的机器人，还有什么事情是做不了的呢？

正在演奏音乐的机器人

心灵相通的机器人朋友

据说，一家机器人公司研发的声音识别程序可以与人进行简单的对话。如果有人问它："肚子饿了该怎么办？"它就会回答："我帮您搜索附近的餐厅吧！"或者回答说："我也肚子饿了。"如果这项技术继续得到发展，并最终运用到机器人身上会怎么样呢？说不定，我们会拥有一名可以吐露心声或毫无顾忌地相互打趣的机器人朋友吧。

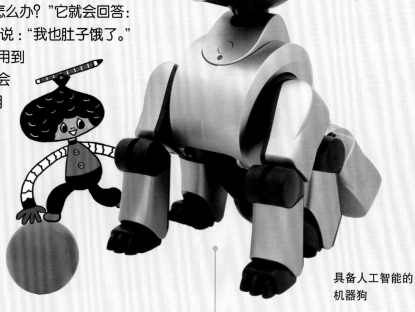

具备人工智能的
机器狗

所有物品都是机器人——物联网

现在的智能手机，有一些功能是在外出时就能控制家里的暖气和电视机等物品。人们猜测，以后不仅是家电，就连电灯、窗户、水壶、天然气等家里的所有物品都将被赋予互联网通信功能。如果这一天真的到来，或许，我们在回家之前就能开门、做饭、加热床垫。可以说，物联网时代就是一个所有事物都能变成"机器人"的时代。

控制电器的智能手机

图字：01-2019-6048

图书在版编目（CIP）数据

机器人的故事 /（韩）申正敏文；（韩）朴秀智绘；千太阳译 . —北京：东方出版社，2021.4
（哇，科学有故事！第三辑，日常生活·尖端科技）
ISBN 978-7-5207-1483-9

Ⅰ . ①机… Ⅱ . ①申… ②朴… ③千… Ⅲ . ①机器人—技术史—世界—青少年读物
Ⅳ . ① TP242-49

中国版本图书馆 CIP 数据核字（2020）第 038660 号

哇，科学有故事！尖端科技篇·机器人的故事
（WA，KEXUE YOU GUSHI! JIANDUAN KEJIPIAN · JIQIREN DE GUSHI）

作　　者：［韩］申正敏 / 文　　［韩］朴秀智 / 绘
译　　者：千太阳

策划编辑：鲁艳芳　杨朝霞
责任编辑：杨朝霞　金　琪
出　　版：东方出版社
发　　行：人民东方出版传媒有限公司
地　　址：北京市西城区北三环中路6号
邮　　编：100120
印　　刷：北京彩和坊印刷有限公司
版　　次：2021年4月第1版
印　　次：2021年4月北京第1次印刷
开　　本：820毫米×950毫米　1/12
印　　张：4
字　　数：20千字
书　　号：ISBN 978-7-5207-1483-9
定　　价：218.00元（全9册）
发行电话：（010）85924663　85924644　85924641

✏ 文字 [韩]申正敏

出生于京畿道安城，曾获眼高儿童文学奖、儿童文艺文学奖等众多奖项。目前在春川努力创作能够让孩子们尽情放飞梦想的愉快童话。主要作品有《冰川，咔嚓》《小学生一定要知道的1000个科学常识》《吞掉故事的课堂》《胡子战争》《啪》《机器人豆》《长螯蟹莺歌》等。

🎨 插图 [韩]朴秀智

毕业于国民大学视觉设计专业。每天都在愉快地画儿童图书插画。主要作品有《咚咚呀，快过来吧》《闪光虫》《美味的蛋糕》《哇，托尔斯泰》《这是秘密》《奇异的植物王国的爱丽丝》《圆、三角形、四边形聚在一起》等。

💾 审订 [韩]金忠燮

毕业于首尔大学物理学专业，并取得博士学位。现任水原大学物理学专业教授。主要作品有《黑洞真的是黑色的吗？》《通过视频看宇宙的发现》《默冬讲给我们听的日历的故事》《洛什讲给我们听的潮汐的故事》等，主要译作有《天文学常识》《天才们的科学笔记7：天文宇宙科学》等。

哇，科学有故事！（全33册）

扫一扫
看视频，学科学